JN029416

なぜ？から調べる ごみと環境

4

リサイクル施設

監修 森口祐一
東京大学教授

この本を読むみなさんへ

みなさんの中には、何かのきっかけで、ごみについてもっと知りたいと思い、
この本に出会った人もいるかもしれません。
多くのみなさんは、社会科でごみについて学ぶことになり、
この本に出会ったことと思います。

「社会」は、人びとが集まって生活することでつくられます。
毎日の生活でさまざまなものが使われ、やがていらなくなって、ごみになります。
ごみを捨ててしまえば、自分の身の周りはきれいになりますが、
環境をきれいに保つためには、
ごみの行く先でも、さまざまな工夫が必要です。
暮らしやすい社会をつくるためには、
ふだんみなさんの目にはふれないところでどんなことが行われているかを知り、
自分で何かできることがないかを学ぶことが大切です。

ごみは社会の姿を映す鏡のようなものです。
ごみについて学ぶことで、
一人ひとりの生活と社会との関わりに気づくことにもなるでしょう。

第4巻

「リサイクル施設」では、缶、びん、ペットボトルといった飲料容器、第5巻で学ぶことと関係が深いプラスチックでできた容器包装など、分別した資源ごみがどのような方法でリサイクルされているかを学びます。また、リサイクルされる主な製品がどのようにつくられてきたかも同時に学ぶことで、「ものの一生」がわかるように工夫されています。

森口祐一

東京大学大学院工学系研究科都市工学専攻教授。国立環境研究所理事。専門は環境システム学・都市環境工学。主な公職として、日本学術会議連携会員、中央環境審議会臨時委員、日本LCA学会会長。

1章

リサイクルはどんなふうに進められているの？

2章

製品の製造とリサイクルの流れを調査！

3章

リサイクルの取り組みを見てみよう

この本の使い方

この本に登場するキャラクター

探偵ダン

ごみの山から生まれた探偵。ごみと環境の課題の解決に向けて、日々ごみの調査をしている。

調査員クロ

探偵ダンの助手。ダンが気になった疑問を一生懸命調査してくれる努力家。

調査員トラ

ごみのことにくわしいもの知りのネコ。ダンにいろいろな情報をアドバイスしてくれる。

この本の使い方

1章 ごみにまつわる写真を載せているよ。写真を見ながら、ごみが環境にあたえる影響について考えてみよう。

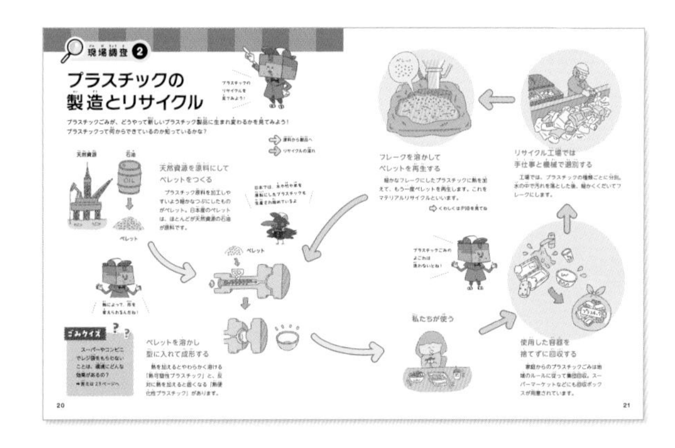

2章 ごみのゆくえを、イラストで解説しているよ。どんな流れでごみが処理されるのか見てみよう。

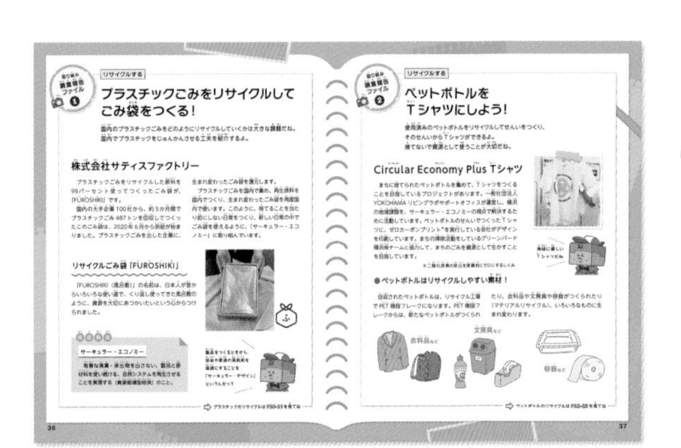

3章 ごみについての取り組みや対策を紹介しているよ。実際に行われている取り組みを調べて、環境のために自分たちができることを考えてみよう。

1章

リサイクルは どんなふうに 進められているの？

資源として出されたものは、
どのようにリサイクルされるのかな？
写真を見ながら、考えてみよう。

ぎもん 1

どんなごみでも リサイクルできるの？

手作業でごみを
分けているんだね

リサイクル施設での資源の選別作業のようす。資源物を種類ごとに分け、分別が不十分で混ざってしまったごみを取り除いている。（2017年、神奈川県横浜市の鶴見資源化センター）

ぎもん 2

リサイクルはお金がかからないの？

（写真：アフロ）

ぎもん 1

どんなごみでもリサイクルできるの？

可燃ごみ、不燃ごみ、缶、びん、ペットボトル、古紙など、
毎日さまざまなものが捨てられているけれど、ぜんぶリサイクルできるのかな？

すべてのごみがリサイクルできるわけではない！

リサイクルで大切なことは、ごみの分別です。紙もプラスチックも、ごちゃ混ぜにして捨てられてしまうとただのごみですが、きっちりと分別されたごみは、資源へと生まれ変わることができます。リサイクルできるごみは、缶、びん、ペットボトル、プラスチック製容器包装、古紙などで、資源ごみと呼ばれています。ごみを捨てるときには、しっかり仲間分けをすることが大切です。

可燃ごみや不燃ごみにも、リサイクルできる資源が混ざっているので、中間処理のときに選別して取り出し、リサイクル施設に運んでいます。

くわしくは 3巻 を見てね

資源ごみ

※リサイクル施設に運ばれ、リサイクルされます。

缶

びん

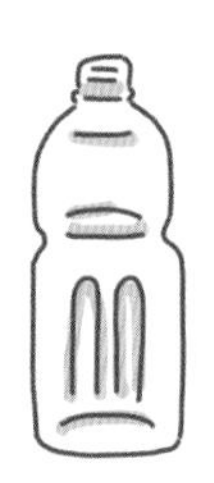
ペットボトル

プラスチック製容器包装

古紙

可燃ごみ・不燃ごみ・有害ごみ

※中間処理をして、リサイクルできる資源を取り出します。

可燃ごみ

紙くず、生ごみ、よごれたプラスチックなど

不燃ごみ

金属、ガラス、陶磁器など

有害ごみ

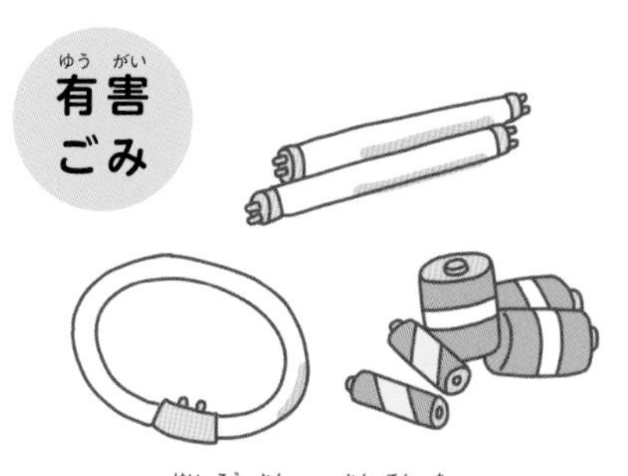
蛍光管、乾電池など

ぎもん 2

リサイクルはお金がかからないの？

ごみを処理するときには、お金がかかるけれど、リサイクルにはお金はかからないのかな？　リサイクルは簡単にできるのかな？

費用も手間もかかる！ できるだけ再利用することが大切！

ごみを燃やしたりうめ立てたりするには、お金や手間がかかります。かといって、お金をかけずにいいかげんな方法で処理すると、人の健康や環境に悪い影響をあたえることもあります。ごみ処理場をつくるのにも、リサイクル工場を動かすのにも、たくさんのお金や手間がかかります。

私たちの身の周りのものは、すべて資源からできています。ものをごみにして捨ててしまうと、新しい資源を使って、またものをつくらなければいけません。資源には限りがあります。環境のためにも資源のむだ使いをやめるためにも、リサイクルが必要です。

● リサイクルにかかるお金

ごみを処理する費用よりも、リサイクルにかかるお金のほうが高い場合もありますが、限りある資源や、地球環境を守るためには大切な課題です。

プラスチックなどの容器包装ごみが増えてきたため、1997年に「容器包装リサイクル法」という法律が施行されました。これは、廃棄する容器包装を減らして、資源の有効利用を進めるためです。

● リサイクルにお金がかかるのはなぜ？

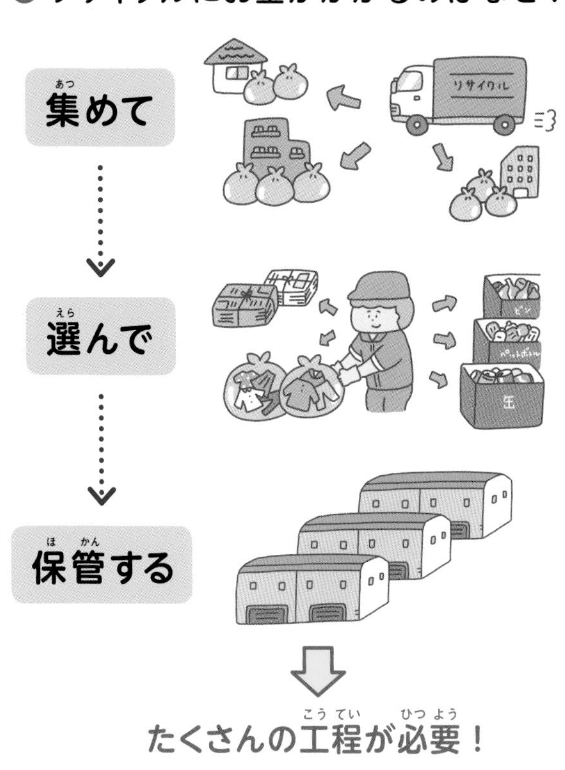

ぎもん
3
日本はどのくらい
リサイクルしているの？
プラスチックごみが
流れてきたの!?

東京都小笠原村の海岸のようす。自然豊かな島にも、さまざまな形のプラスチック容器やペットボトルなどのごみがたくさん流れ着いている。

（写真：アフロ）

日本はどのくらいリサイクルしているの？

日本では、どのくらいの量のごみが、資源としてリサイクルされているのかな。その割合を見てみよう！

近年は、ごみ全体の排出量の約20パーセントがリサイクルされている！

日本のリサイクル率は、環境省が毎年発表しています。2018年のリサイクル率は約19.9パーセントで、資源としてリサイクルされたごみの量は、約853万トンありました。

リサイクル率とは、ごみの排出量にしめるリサイクル量の割合（パーセント）のことです。リサイクル量とは、「直接資源化量」と「中間処理後リサイクル量」と「集団回収量」を足したもののことを表すと、環境省では定義しています。

下の表では、日本のリサイクル率が1989年から2009年の間に高くなったことがわかります。近年は約20パーセントを保っています。

● 一般ごみのリサイクル量とリサイクル率の移り変わり

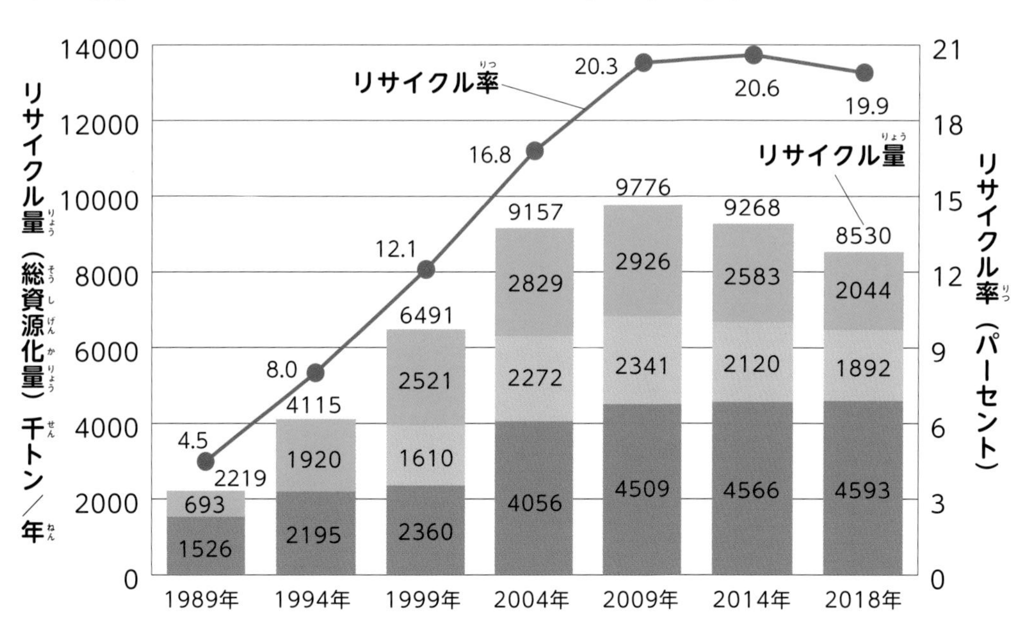

出典　環境省環境再生・資源循環局・廃棄物適正処理推進課「日本の廃棄物処理」平成30年度版などをもとに作成

集団回収量
小学校や町内会などの地域団体によって回収され、リサイクル業者などに引きわたされたものの量。

直接資源化量
自治体や業者によって回収されて、リサイクル業者などに直接届けられるものの量。

中間処理後リサイクル量
焼却などの中間処理の後で、鉄やアルミなどの資源を回収した量。

「中間処理後リサイクル量」が特に増えているよ！

ぎもん
4

なぜ日本のプラスチックごみが海外でリサイクルされているの？

日本のプラスチックごみは、どんな国に輸出されているのかな。なぜ海外でリサイクルされているのかな。考えてみよう。

中国や東南アジアの国に輸出されて、資源として使われてきた！

日本のプラスチックごみの排出量は、2018年の1年間で、約891万トンありました。そのうちの10.2パーセントが海外に輸出されています。

経済的にあまり豊かでなかった国にとっては、石油を輸入してプラスチックをつくるよりも、プラスチックごみを輸入して、リサイクルをするほうが費用が安くつくということがあります。

日本は、数年前までペットボトルなどのプラスチックごみを、中国や東南アジアの国々に輸出してきました。

しかし、プラスチックごみがきちんと処理されずに海に流されてしまうおそれもあり、近年は国際的にプラスチックごみの輸出の規制が進んでいます。

環境メモ

中国やアジアの国々はプラスチックごみの輸入の規制を強化している

中国では、海外からのプラスチックごみの輸入を2018年に中止しました。経済的に豊かになったことや、自分の国のプラスチックごみの処理が増え、環境問題への関心が高まったことが理由です。現在は、東南アジア諸国へのごみ輸出をしていますが、規制が強化されつつあります。

プラスチックごみ削減へ！世界の活動やアイデア

プラスチックごみは今や地球規模の問題。
ペットボトルが、海のごみになって残る期間はなんと約 400年！
さあ、世界中のアイデアで乗り切ろう。

2015年の世界経済フォーラムで、このままだと2050年には海に魚よりもプラスチックごみが多くなるという予想が出されました。また、ペットボトルが海のごみとして残る期間は約 400年という調査もあります。

また、最近の調査で、東京湾のカタクチイワシの８割が、おなかにプラスチックをためていることもわかりました。そんな魚を私たちは食べているかもしれません。

どの国にとっても、プラスチックごみの問題はひとごとではありません。今、世界中で使い捨てのプラスチックごみ問題についてさまざまな取り組みがなされています。

くわしくは 5巻 を見てね

世界の取り組みの一例

EU

使い捨てプラスチック禁止

使い捨てプラスチック製品の流通を禁じる法案を可決。ストロー、マドラーなど、10種類の使い捨てプラスチック製品の販売が、2021年から禁止される。

インド

自然にかえるレジ袋

インドでもレジ袋の廃止が進んでいる。ジャガイモなどの植物が原料のオーガニックレジ袋が開発された。１日で常温の水に溶けてなくなる。

インドネシア

食べられる包装

海藻を原料とした食べられる包装を開発。お湯に溶け、味もしないのでインスタント食品の調味料袋やストローなどにも使われ始めている。

製品の製造とリサイクルの流れを調査！

資源ごみは、リサイクル施設で処理される。ここでは、素材別に、どのようにリサイクルされるのかをくわしく調べていこう。

プラスチックのリサイクル方法のいろいろ

リサイクルの方法はひとつだけじゃないよ。
どんなリサイクル方法があるのか見ていこう。
ただ捨てるのではなく、資源ごみにするのが大切だよ。

マテリアルリサイクル

マテリアルリサイクルは、材料リサイクルともいいます。使用済みのプラスチック製品を、細かくくだいてフレーク（うすい破へん）にしたり、フレークを溶かしてペレット（小さなつぶにしたもの）にしたりして、さまざまなプラスチック製品をつくることができます。

私たちの周りには、マテリアルリサイクルを利用した製品が多く見られます。食品用のトレイや文房具、シャンプー容器をはじめ、インテリアや衣料用のせんい製品にも使われています。

● プラスチックの種類

石油を原料とするプラスチックにはたくさんの種類があります。

ペットボトルなどのPET（ポリエチレンテレフタレート）樹脂、レジ袋などのポリエチレン、DVDケースなどのポリスチレン、食品トレイなどのポリプロピレンなども、プラスチックです。

PET樹脂

ポリエチレン

ポリスチレン

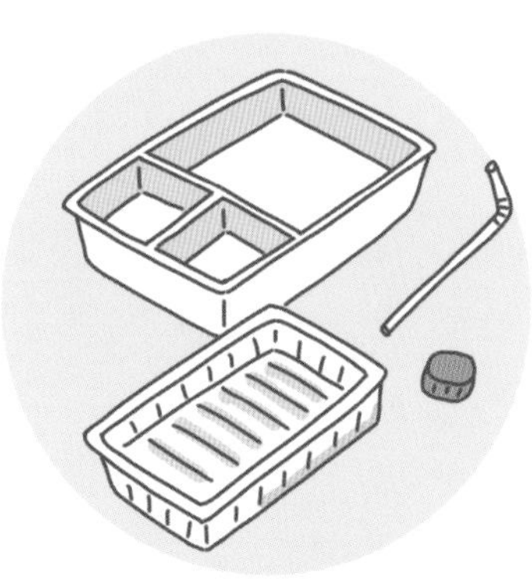
ポリプロピレン

ケミカルリサイクル

資源を化学的に分解して、新しい製品の原料としてリサイクルすることを、ケミカルリサイクルといいます。

ケミカルリサイクルでは、使用済みのプラスチックを高熱で分解して合成ガスなどの化学原料にしたり、製鉄所で鉄をつくるために使うコークスの代わりとなるものをつくったりします。コークスは石炭を蒸し焼きにしてつくられる燃料です。なぜ、プラスチックから、コークスの代わりになるものがつくれるのでしょう？　それは、成分が似ているからです。プラスチックは主に石油からつくられているので、炭素と水素が主な成分なのです。

ケミカルは「化学的」という意味だよ

使用済みのペットボトルから、新しいペットボトルをつくるときに、「ケミカルリサイクル」の方法が使われている。

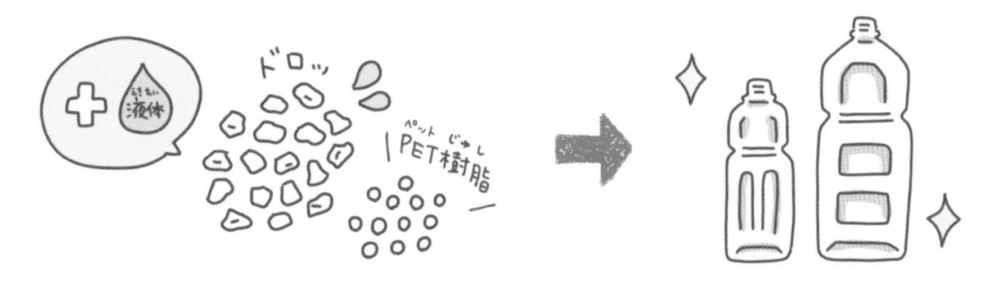

※キャップやラベルを除き、細かくくだいて洗ったものに、エチレングリコールという液体を加えて、リサイクルPET樹脂をつくります。それを原料に新しいペットボトルをつくります。

サーマルリサイクル

プラスチックを、ものを燃やすための燃料にしたり、燃やしたときに出る熱をエネルギーとして再利用したりすることをサーマルリサイクルといいます。清掃工場では、ごみを燃やすときの熱や蒸気を施設の暖房や温水プールなどに利用しています。ただ、ごみを燃料として燃やすと、燃やす前よりごみの量は減りますが、燃えかすはごみとして残ります。燃えかすの中にも、資源として使えるものがあるので、選別してリサイクルセンターに運びます。その後は最終処分場にうめられます。

くわしくは 3巻 を見てね

ボイラーの熱を施設内の発電に利用したり、電力会社に販売したりする。

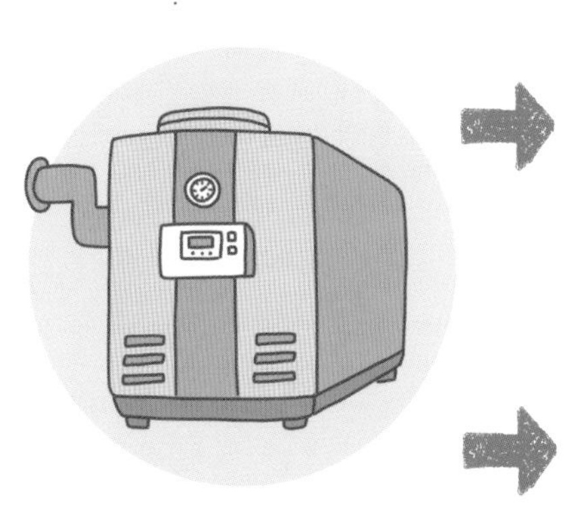

熱を使って発電し、発電した電力は公共施設の暖房などに利用する。

熱や蒸気を利用して温泉施設や温水プール、植物園の温室に活用する。

プラスチックの製造とリサイクル

プラスチックのリサイクルを見てみよう！

プラスチックごみが、どうやって新しいプラスチック製品に生まれ変わるかを見てみよう！
プラスチックって何からできているのか知っているかな？

原料から製品へ
リサイクルの流れ

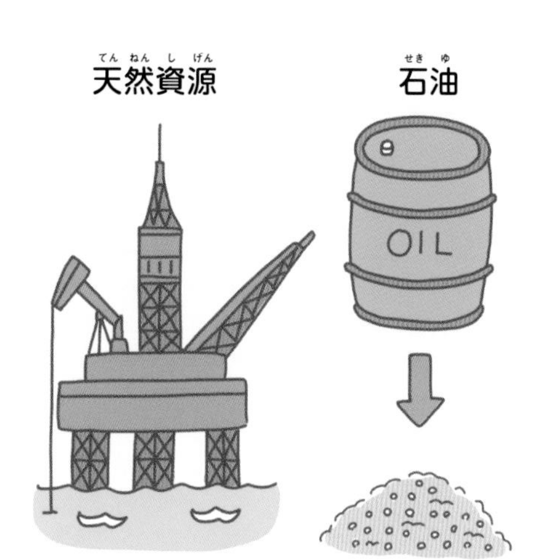

天然資源を原料にしてペレットをつくる

プラスチック原料を加工しやすいよう細かなつぶにしたものがペレット。日本産のペレットは、ほとんどが天然資源の石油が原料です。

日本では、木や竹や米を原料にしたプラスチックも生産され始めているよ

熱によって、形を変えられるんだね！

スーパーやコンビニでレジ袋をもらわないことは、環境にどんな効果があるの？

➡答えは 23ページへ

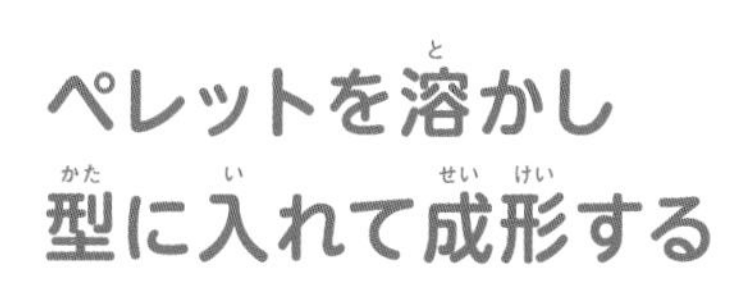

ペレットを溶かし型に入れて成形する

熱を加えるとやわらかく溶ける「熱可塑性プラスチック」と、反対に熱を加えると固くなる「熱硬化性プラスチック」があります。

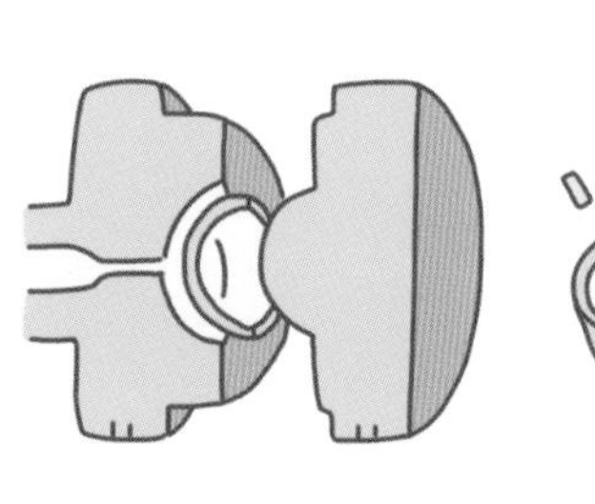

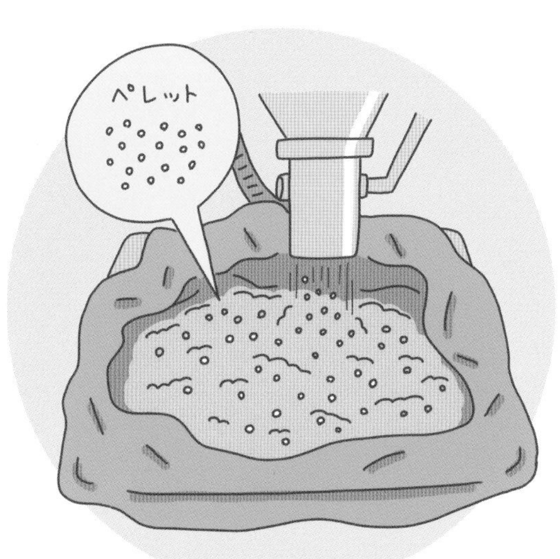

フレークを溶かして ペレットを再生する

細かなフレークにしたプラスチックに熱を加えて、もう一度ペレットを再生します。これをマテリアルリサイクルといいます。

くわしくはP18を見てね

リサイクル工場では 手仕事と機械で選別する

工場では、プラスチックの種類ごとに分別。水の中で汚れを落とした後、細かくくだいてフレークにします。

私たちが使う

使用した容器を 捨てずに回収する

家庭からのプラスチックごみは地域のルールに従って集団回収。スーパーマーケットなどにも回収ボックスが用意されています。

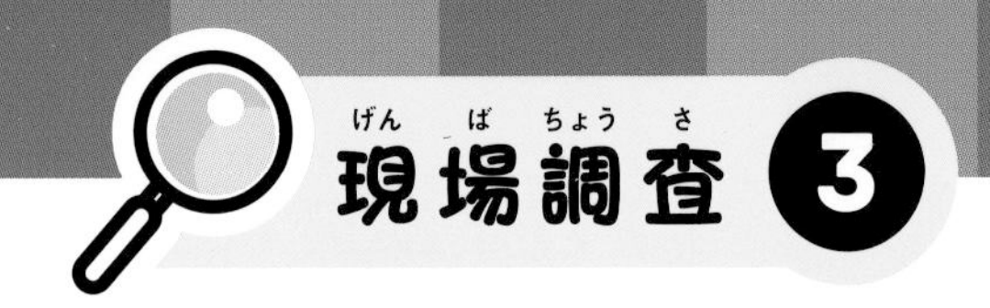

ペットボトルの製造とリサイクル

軽くて透明な性質のペットボトルは飲みものの容器にぴったり。
キャップ、本体、ラベルとプラスチックの種類がちがうから、マークをよく見て分別しよう。

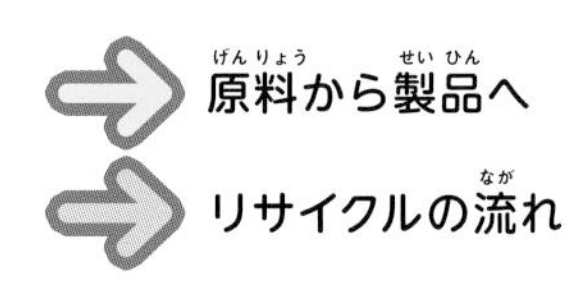

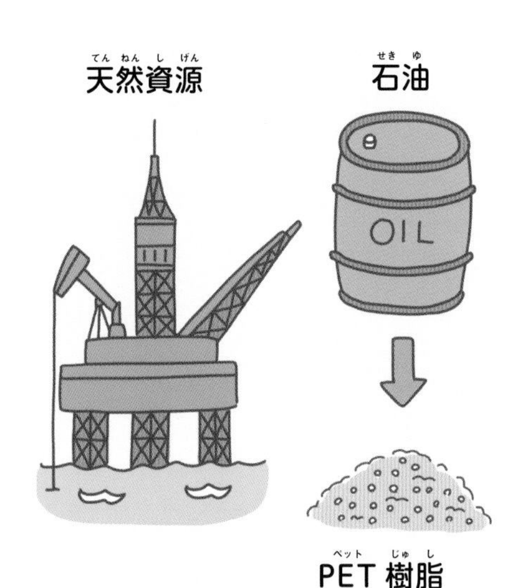

天然資源を原料にしてPET樹脂をつくる

ペットボトルはプラスチックの一種です。石油などの天然資源からつくられるPET樹脂が原料です。

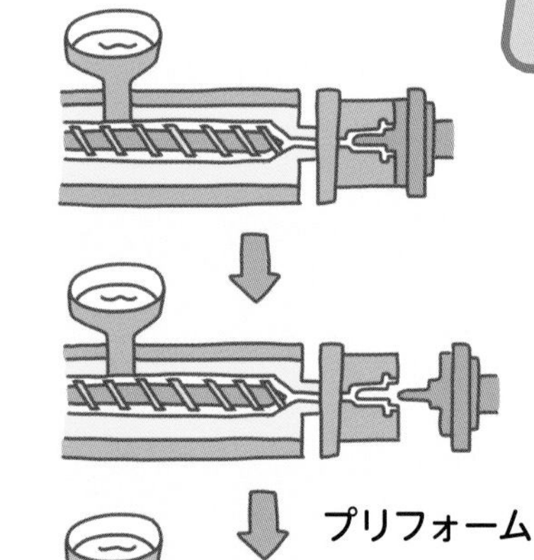

PET樹脂をプリフォームに成形する

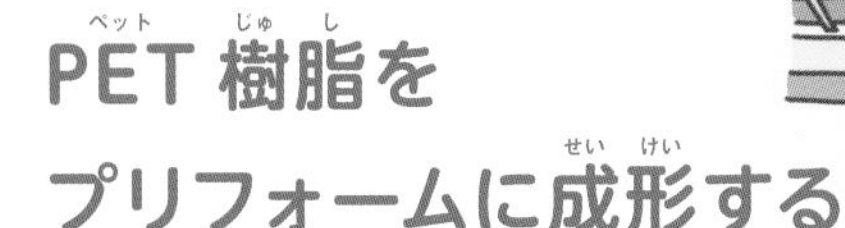

PET樹脂を試験管の形をしたプリフォームに成形します。プリフォームとは、ペットボトルとしてふくらませる前の形のことです。

金型に入れて空気をふきこむ

プリフォームをペットボトルの金型に入れ、中に空気をふきこみ、ペットボトルの形にふくらませます。

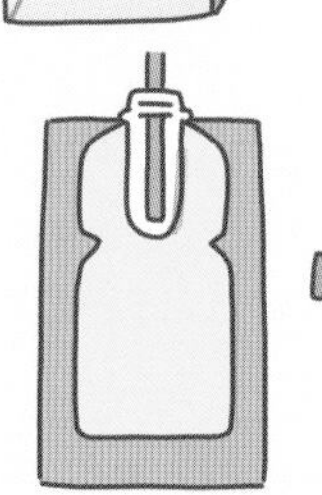

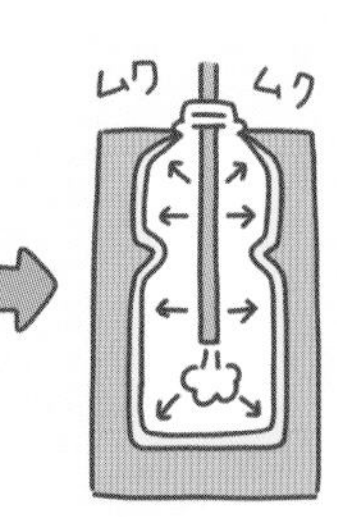

ペットボトル以外にもいろいろなものに変身！

再生されたPET樹脂は、スーツやフリース用のせんい、卵のパックや食品トレイなど、さまざまな製品になります。もちろん、ペットボトルになることもあります。

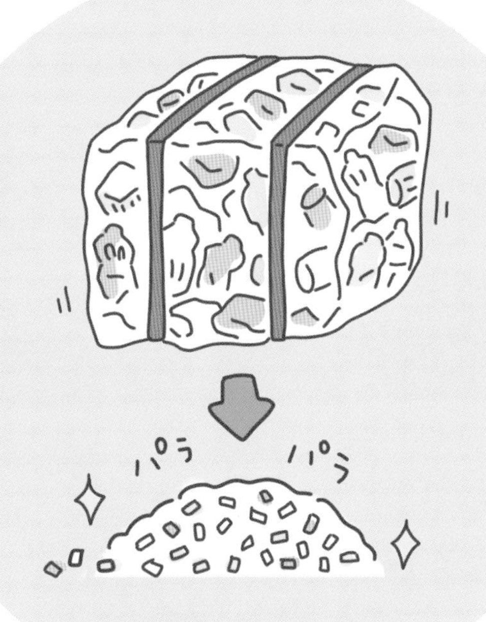

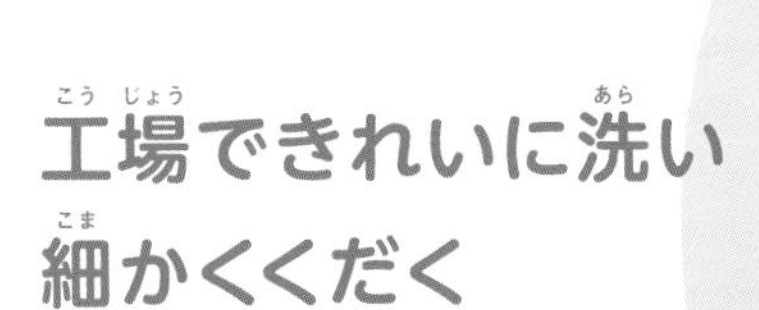

工場できれいに洗い細かくくだく

つぶして固めたペットボトルは、ほぐされて細かくくだかれ、混ざりものも取り除かれます。水で洗い、きれいなPET樹脂フレークになります。

私たちが使う

使用したペットボトルを回収する

中身を空にしてきれいにすすぎ、ラベルやキャップを外します。リサイクル施設へ運ぶときの体積を減らすため、つぶしてから資源ごみとして出します。

20ページのごみクイズ答え

スーパーやコンビニでレジ袋をもらわなければ、Lサイズのレジ袋365枚（約3650グラム）で、うめ立てや焼却にかかる原油を約6.7リットル、二酸化炭素を約14.6キログラム減らせるよ。

びんの製造とリサイクル

びんにはくり返し使う「リターナブルびん」と、
使い捨ての「ワンウェイびん」があるんだ。
今、環境に優しいリターナブルびんが見直されているよ。

原料から製品へ

リサイクルの流れ

天然資源からゴブをつくる

主な原料は天然の鉱物の石灰石、けい砂、食塩などからつくられるソーダ灰（炭酸ナトリウム）。混ぜ合わせて、熱で溶かしゴブをつくります。

用語解説

ゴブ

ガラスびんの材料を混ぜ合わせて熱で溶かし、びん１個分の固まりにする。その固まりをゴブという。

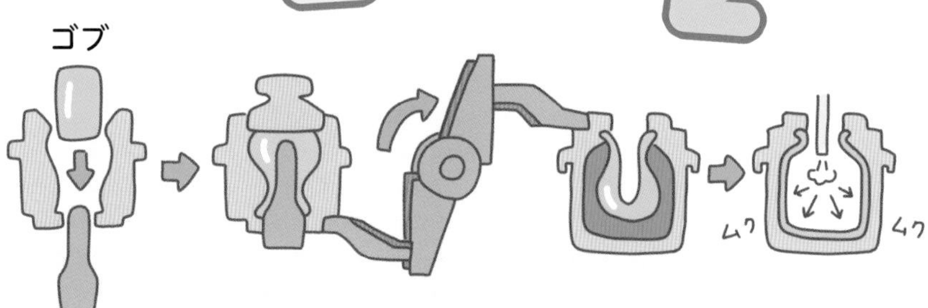

ゴブを型に入れて形をつくる

大まかな形をつくるためのあら型に入れたゴブを、棒の形をした金型で下からおします。次に仕上げ用の金型に入れ、空気で風船のようにふくらませます。

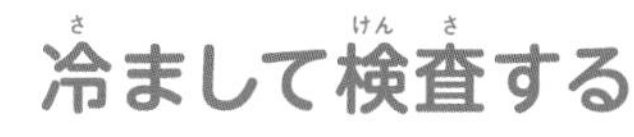

冷まして検査する

ゆっくり冷まして検査。びんの強さや傷などを検査機や人の目で確かめ、ゆがんだりした不良品は原料にまぜてもう一度つくり直します。

カレットはびんのほかにも、さまざまなものになる

カレットは、びんにするほかにも、道路のほそう、タイル、ガラスせんいなどの材料に利用されます。美しいガラス工芸品にも変身します。

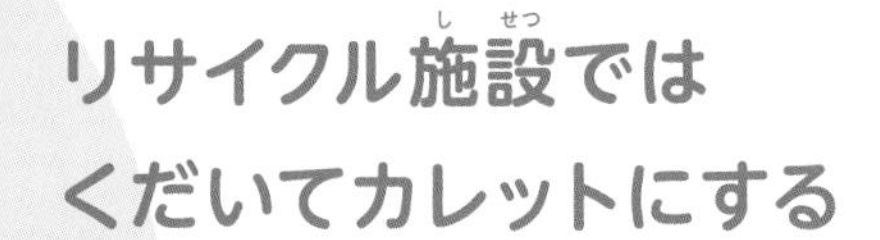

リサイクル施設ではくだいてカレットにする

回収された「ワンウェイびん」は、くだいてカレットと呼ばれるかけらにします。混じっている色がちがうびんなどは手作業で取り除きます。

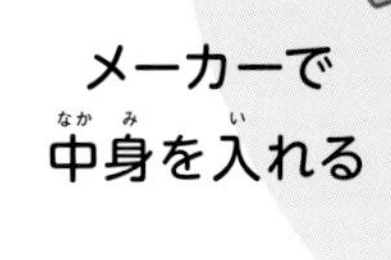

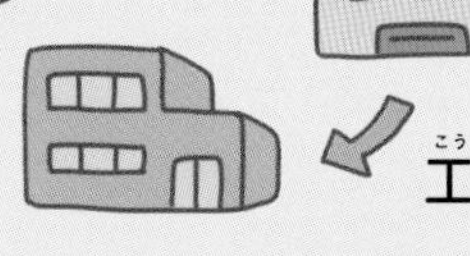

私たちが使う

「リターナブルびん」と「ワンウェイびん」

ビールびんや牛乳びんなどの「リターナブルびん」は、洗って何度も使えます。「ワンウェイびん」は資源となり、新しく生まれ変わります。

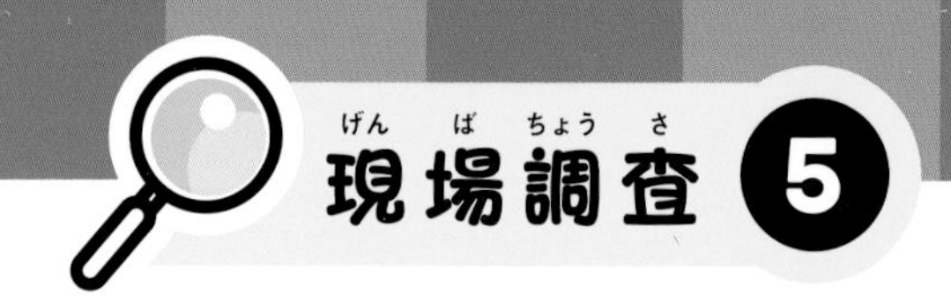

缶の製造とリサイクル

缶には、アルミニウムが原料のアルミ缶と、スチール（鉄）が原料のスチール缶という２種類があるのを知っているかな。

 原料から製品へ  リサイクルの流れ

天然資源から板をつくる

アルミニウムやスチールなどの金属には、強く圧力を加えるとうすくのびる性質があります。その性質を利用して金属の板をつくります。

天然資源

ボーキサイト（アルミニウムの原料）　鉄鉱石（スチールの原料）

金属の板を打ちぬいて筒をつくる

うすくのばした金属の板をカップのような形に打ちぬいて筒をつくります。できた筒を金型に入れてうすくのばし、缶の底もつくります。

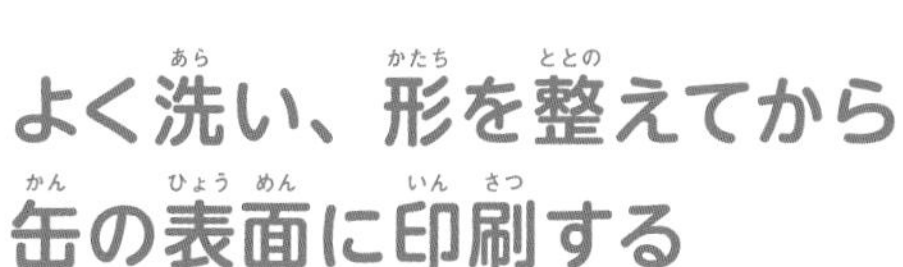

よく洗い、形を整えてから缶の表面に印刷する

缶を決まった長さに切り落とします。よく洗い、缶の形を整えた後、缶の表面にデザインを印刷します。飲料工場で中身を入れてからふたをします。

スチール缶は、缶以外のものに大変身

スチール缶をはじめ、洗濯機や冷蔵庫などの家電製品や自動車の材料、ビルや橋をつくる建設材料など、さまざまな製品に利用されています。

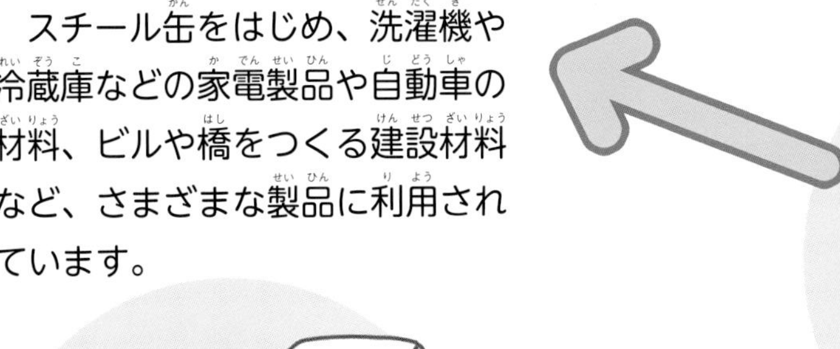

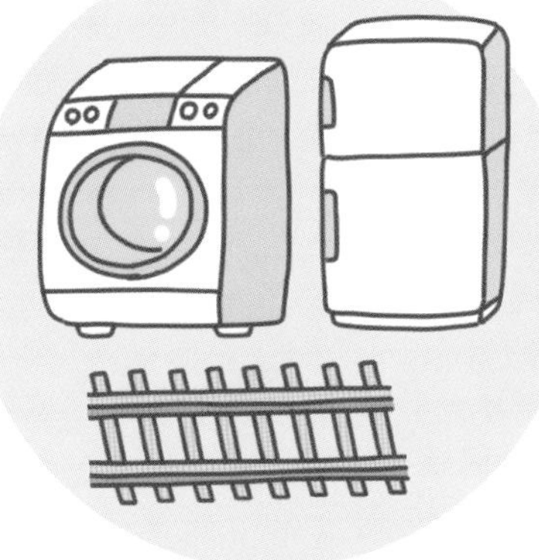

スチール缶は電気で加熱して溶かす

回収されたスチール缶は、電気で鉄を溶かす電気炉で加熱されます。1600度の高温で溶けたスチール缶は鉄の原料に変身します。

スチール缶

アルミ缶

アルミ缶は塗料を取り除き、熱で溶かす

ぺちゃんこにして回収されたアルミ缶の固まりをほぐし、加熱して缶の表面の塗料を取り除きます。溶解炉で溶かし再生地金にします。

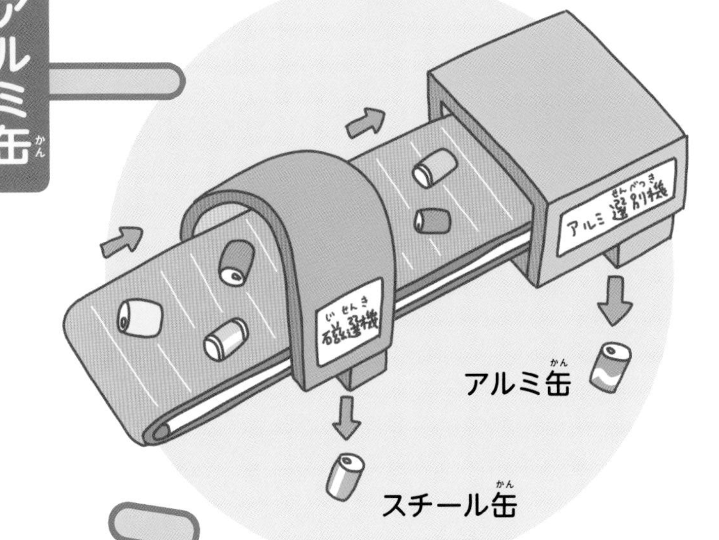

私たちが使う

回収した缶はアルミとスチールに分ける

アルミ缶とスチール缶は、リサイクルする行程がそれぞれちがいます。そのため、リサイクル施設で分別されます。

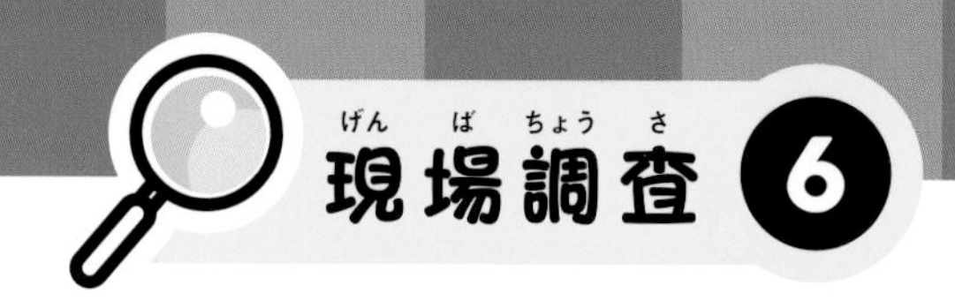

紙の製造とリサイクル

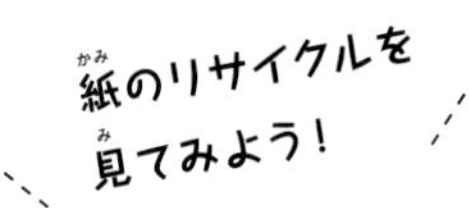

日本では紙をつくるパルプの多くが古紙からできた再生パルプなんだ。再生パルプを使うことで、木材チップからつくるフレッシュパルプの量を減らすことができるよ。

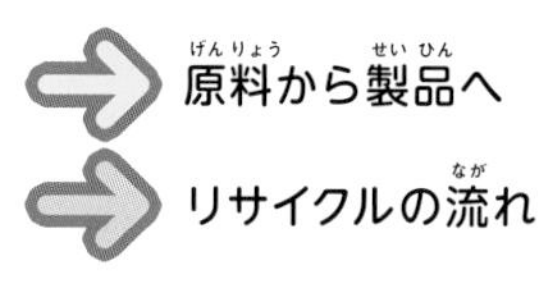

パルプを入れてローラーで水をしぼる

水にといたパルプを網の上にうすく広げてのばし、ローラーで水をしぼります。せんいをからみ合わせて、かわかすと紙が出来上がります。

木材チップをパルプにする

木材はセルロースとリグニンというものでできています。薬品などで木材チップからリグニンを取り、残ったセルロースをパルプと呼びます。

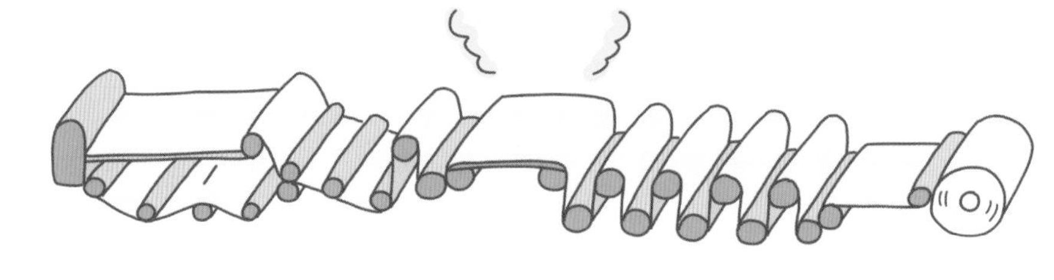

私たちが使う

どんな古紙もパルプに生まれ変わるの？

➡答えは 31ページへ

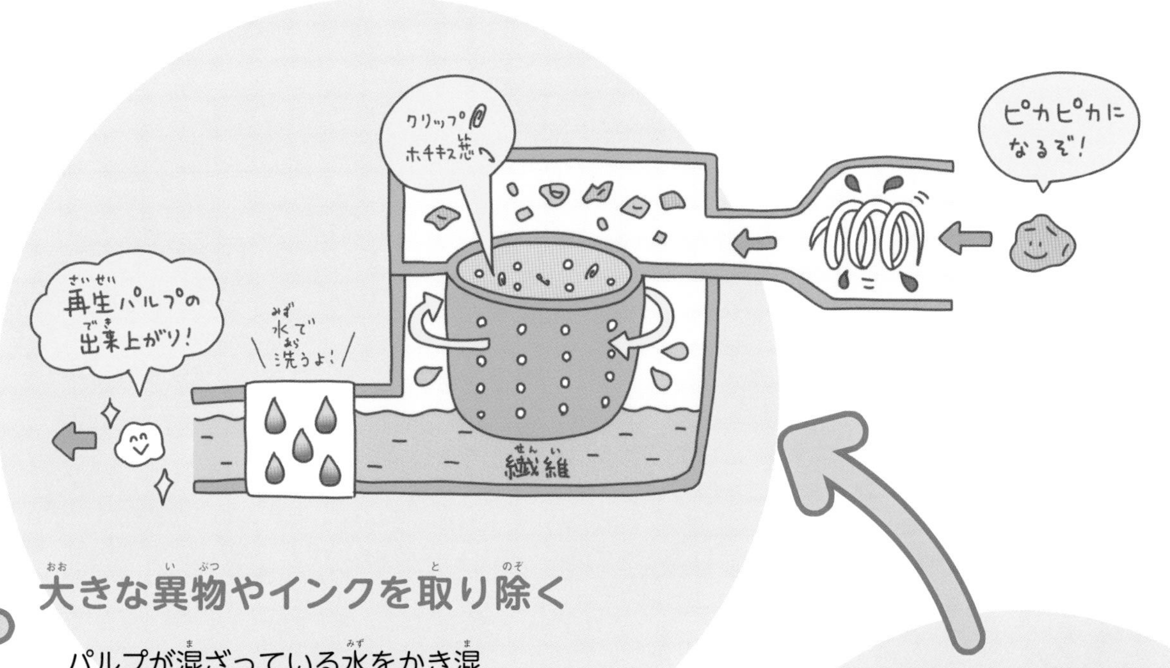

大きな異物やインクを取り除く

パルプが混ざっている水をかき混ぜ、クリップなどの大きな異物を取り除きます。また、薬品とあわでインクなどのよごれも取り除きます。

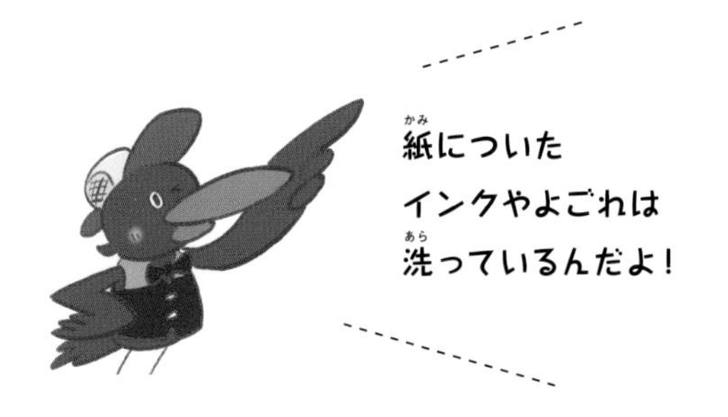

古紙をお湯に混ぜてパルプにもどす

古紙を薬品入りのお湯に混ぜてパルプにします。古紙からのパルプを再生パルプ（古紙パルプ）、木材からのパルプをフレッシュパルプといいます。

使用した古紙を回収する

使い終わった紙を古紙といいます。日本では昔から紙のリサイクルが行われ、今でも新聞や雑誌、段ボールなどの回収が盛んです。

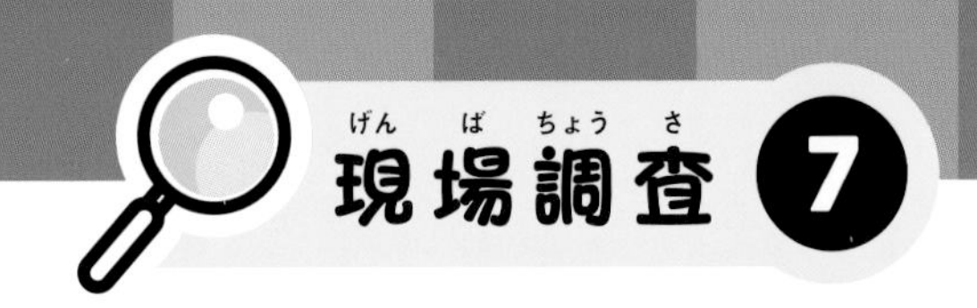

布の製造とリサイクル

布のリサイクル率は、紙ほどに高くはない。
今はさまざまな種類のせんいをまぜて織られている布も多く、
もとの糸にもどすのは大変なんだよ。

 原料から製品へ  リサイクルの流れ

天然資源や石油から糸をつくる

糸はさまざまな原料からつくられます。例えばコットン糸は綿花からつくられます。紡績工場で綿花をほぐして、すいて、糸としてつむぎ、巻き取ります。

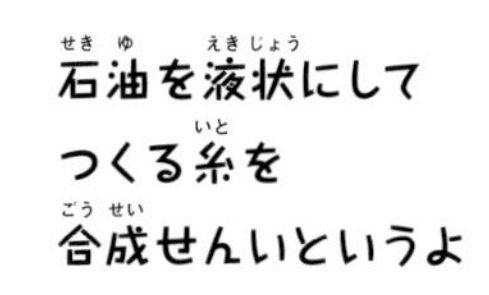

天然資源からつくられる
糸は天然せんいというよ。
綿花、麻、羊毛、蚕という
ガのまゆなどは天然資源だよ

糸から布を織り、製品にする

糸で織られた布は、衣類だけでなく身の周りでさまざまに利用されています。家具のソファーやふとん、タオルなどにも布が使われています。

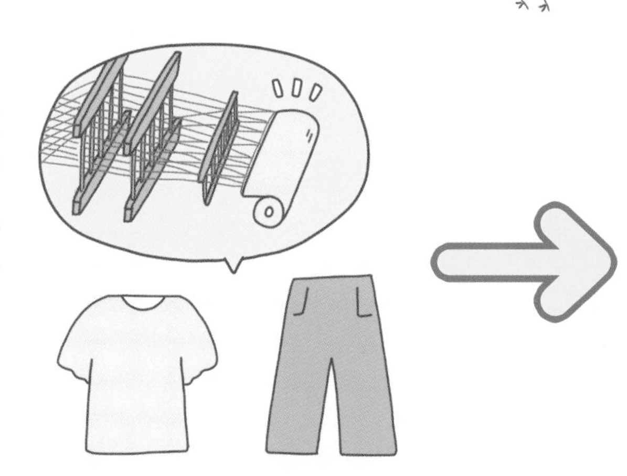

私たちが使う

カーペットや軍手用の糸になる

フェルトは、カーペットや自動車の内装に使われます。糸からは主に軍手がつくられます。

針でたたいてフェルトや糸にする

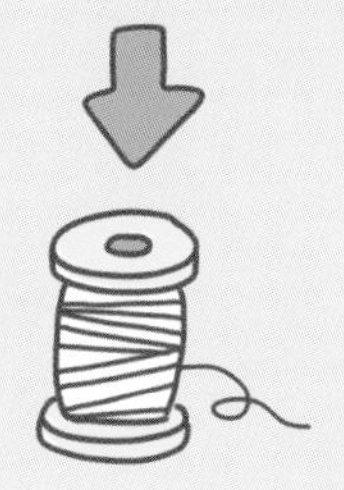

反毛機にかけられた布は、わたくずのようなせんい（反毛）に。反毛を針でたたいてフェルトにしたり、つむいで糸にします。

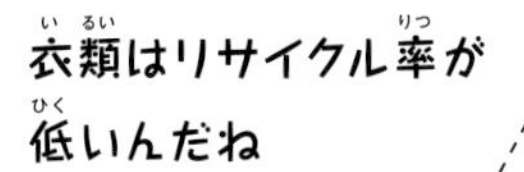

工場では布を切りボタンやファスナーを取る

回収された衣類は小さく切られ、反毛機という機械に入れられます。反毛機の中で布と布以外のボタンやファスナーが分けられます。

使用済み衣類をどうするか考えよう

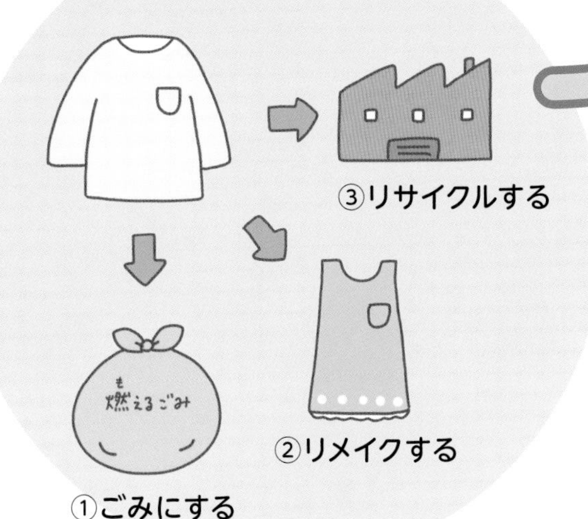

使用済みの衣類は分別してリサイクル工場へ

衣類が安くなったため、使用済みの衣類は可燃ごみとして出されることが多くなりました。きちんと分別をすると、リサイクルがしやすくなります。

28ページのごみクイズ答え

熱くなると黒くなるレシートやファックスの紙、防水加工してある紙コップやヨーグルト容器などは、うまくリサイクルできないよ。古紙に混ぜないでね。

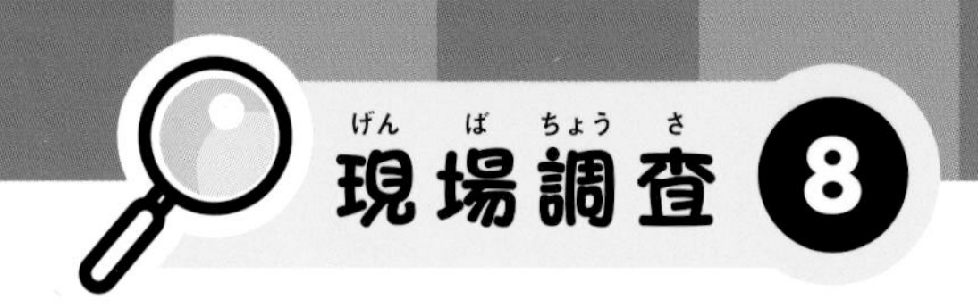

電化製品の製造とリサイクル

家電には資源がいっぱい！　近年はリサイクルしやすいエコデザインの家電がつくられているんだ。
小型家電は、金属資源が多くふくまれているから都市鉱山ともいわれているよ。

原料から製品へ
リサイクルの流れ

家電製品

家電メーカーで製品をつくる

新しい部品だけでなく、リサイクル施設で選別されたモーターや電子部品や、プラスチックや鉄などの素材も利用して新しい家電製品をつくります。

販売店で売り、回収する（自治体も回収する）

使用済みの家電製品は、消費者が購入した販売店か自治体に費用をはらって引き取ってもらいます。その後、リサイクル施設に運ばれます。

リサイクル工場で素材を集める

回収された家電製品の部品を手作業で取り外します。取り外された部品以外に鉄や銅、プラスチックなどの素材も資源として役立てます。

私たちが使う

小型家電

各メーカーで製品をつくる

新しい部品だけではなく、精錬所で取り出された金、銀、銅やレアメタル（44ページ）もメーカーに戻され、新しい製品の原材料として使われます。

私たちが使う

販売店で売り、回収する（自治体も回収する）

販売店だけでなく市町村も小型家電の回収に積極的です。地域によっては回収ボックスなども用意されています。

中間処理で、選別する

手作業で電池などを外し、部品ごとにバラバラにします。くだいた部品を、金属、ガラス、プラスチックなどの資源に選別していきます。

精錬所でとかして、資源となる

回収された金属は精錬所でとかされ、純度が高い金や銀に生まれ変わります。貴重なレアメタルも多く取り出されています。

用語解説

家電リサイクル法

2001年に施行※。エアコンやテレビ、冷蔵庫、洗濯機などの家電製品をリサイクルし、資源の有効活用を推進するための法律。

用語解説

小型家電リサイクル法

2013年に施行※。電話機、デジタルカメラ、ゲーム機などの小型家電製品をリサイクルし、資源の有効活用を推進するための法律。

※法律を実際に運用すること。

資源を大切にするための飲料メーカーの取り組み

ペットボトルやびんに入った飲料をつくっているメーカーも、資源を大切にするためにさまざまな取り組みをしているよ。

今、世界は「サステナブルな社会」の実現を目指しています。サステナブルな社会とは、これからもずっと続けていける社会ということです。

地球の豊かな自然環境を守り、大切な資源を使い過ぎないようにして、これから先も平和で豊かな生活を続けていくことを目指しているのです。

飲料メーカーでは、少ない資源でペットボトルやびんをつくったり、リサイクルしやすい工夫をしたりするなどの具体的な取り組みを行っています。

サステナブル (Sustainable)

「持続可能な」という意味。2015年の国連サミットでSDGs（持続可能な開発目標）が採択された。S は Sustainable の頭文字。

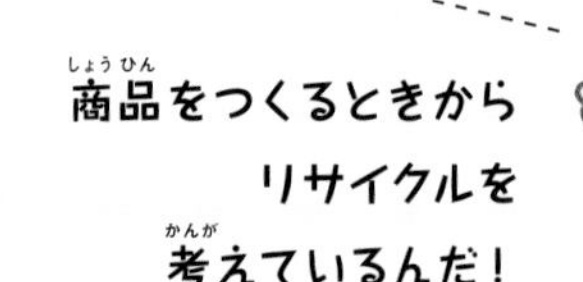

飲料メーカーの取り組みの一例

ペットボトルやリターナブルびんの軽量化

キリンビールの大びんは、セラミックスコーティングをすることで、21パーセントも軽くなった（605グラムから475グラムへ）。

写真：キリンホールディングス株式会社

少ない資源でつくるペットボトルやびんが誕生しています。軽量化したペットボトルは飲んだ後に手でつぶしやすいので、回収がしやすくなります。リターナブルびんが軽くなると輸送の効率が上がり、自動車から排出される二酸化炭素量も減らせます。

28.3グラム
（2019年3月時点）

国内最軽量の2リットルペットボトル。

ラベルレスのペットボトル

ペットボトルにラベルをつけないラベルレス商品が登場しています。分別のときにラベルをはがす手間もはぶけます。

ラベルに使用される樹脂量の約90パーセント削減を実現。

写真：アサヒ飲料株式会社

3章

リサイクルの取り組みを見てみよう

さまざまな企業が
取り組んでいる、
リサイクルの具体例を
調べてみよう。

リサイクルする

プラスチックごみをリサイクルしてごみ袋をつくる！

国内のプラスチックごみをどのようにリサイクルしていくかは大きな課題だね。
国内でプラスチックをじゅんかんさせる工夫を紹介するよ。

株式会社サティスファクトリー

プラスチックごみをリサイクルした原料を99パーセント使ってつくったごみ袋が、「FUROSHIKI」です。

国内の大手企業100社から、約5か月間でプラスチックごみ487トンを回収してつくったこのごみ袋は、2020年6月から供給が始まりました。プラスチックごみを出した企業に、生まれ変わったごみ袋を還元します。

プラスチックごみを国内で集め、再生原料を国内でつくり、生まれ変わったごみ袋を再度国内で使います。このように、捨てることを当たり前にしない日常をつくり、新しい日常の中でごみ袋を使えるように、「サーキュラー・エコノミー」に取り組んでいます。

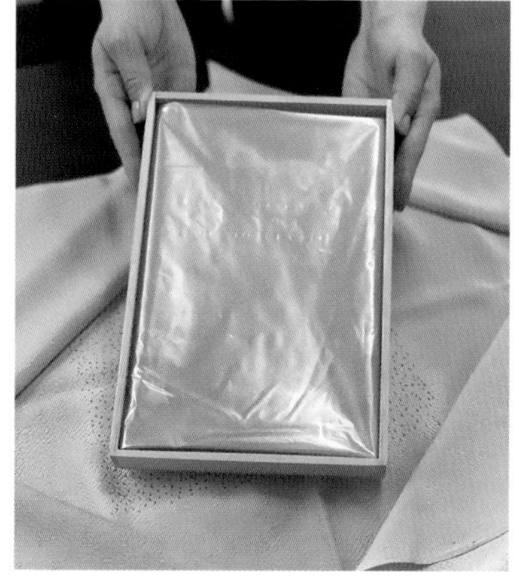

リサイクルごみ袋「FUROSHIKI」

「FUROSHIKI（風呂敷）」の名前は、日本人が昔からいろいろな使い道で、くり返し使ってきた風呂敷のように、資源を大切にあつかいたいという心からつけられました。

サーキュラー・エコノミー

有害な廃棄・排出物を出さない、製品と原材料を使い続ける、自然システムを再生させることを実現する「資源循環型経済」のこと。

製品をつくるときから、回収や資源の再利用を前提にすることを「サーキュラー・デザイン」というんだって

プラスチックのリサイクルはP20-21を見てね

リサイクルする

ペットボトルをTシャツにしよう！

使用済みのペットボトルをリサイクルしてせんいをつくり、
そのせんいからTシャツができるよ。
捨てないで資源として使うことが大切だね。

Circular Economy Plus Tシャツ

まちに捨てられたペットボトルを集めて、Tシャツをつくることを目指しているプロジェクトがあります。一般社団法人YOKOHAMAリビングラボサポートオフィスが運営し、横浜の地域課題を、サーキュラー・エコノミーの視点で解決するために活動しています。ペットボトルのせんいでつくったTシャツに、ゼロカーボンプリント※を実行している会社がデザインを印刷しています。まちの掃除活動をしているグリーンバード横浜南チームと協力して、まちのごみを資源として生かすことを目指しています。

※二酸化炭素の排出を実質的にゼロにするしくみ

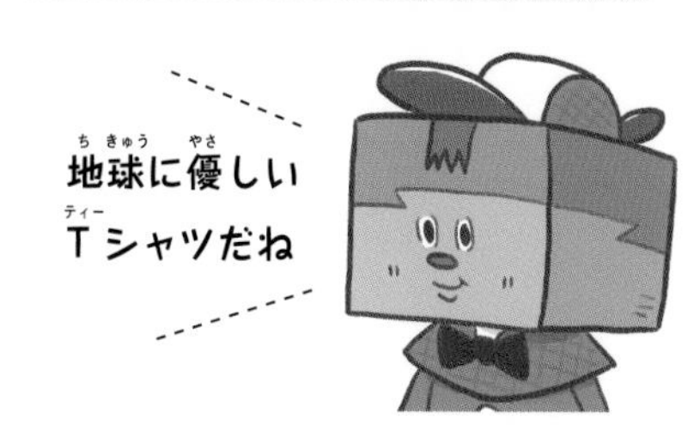

● ペットボトルはリサイクルしやすい素材！

回収されたペットボトルは、リサイクル工場でPET樹脂フレークになります。PET樹脂フレークからは、新たなペットボトルがつくられたり、衣料品や文房具や容器がつくられたり（マテリアルリサイクル）、いろいろなものに生まれ変わります。

ペットボトルのリサイクルはP22-23を見てね

リサイクルする

再生ガラスを有効利用しよう

びんはリサイクルしやすい容器だよ。リサイクルの工程で何度溶かしても、びんの性能が変化したり劣化したりすることはないよ！

日本ガラスびん協会

日本ガラスびん協会は、ガラスびん製品の利用をすすめたり、ガラスびんの利用情報を集めたり、その情報を提供したりしている協会です。

ガラスびんは、もともと資源の再利用に向いている、環境に優しい容器です。ビールびんのようなリターナブルびんは、酒屋さんへ返却すれば、また商品となってもどってきます。再利用されない場合も、回収されたガラスびんを細かくくだいて、キャップなどの異物を取り除き、カレット（25ページ）と呼ばれる再生ガラスにすれば、新しいガラスびんの原料になります。

また、今は技術が進歩して、軽量化が進み、より少ない資源でガラスびんがつくれるようになりました。再生ガラスを90パーセント以上使ってつくった環境にやさしい容器、「エコロジーボトル」も利用されています。

●スーパーエコロジーボトルとは？

「色カレット」を90パーセント以上使ってつくったびんのことです。現在は容器包装リサイクル法により、ガラスびんの分別の基準が「無色」「茶色」「その他の色」と定められています。無色や茶色以外のびんは「その他の色」として回収されるので、さまざまな色の入り混じった色カレットとなります。

色カレットを使ってリサイクルびんを生産すると、混ざり具合によって色が変わります。そのことから、色カレットはあまり使われずに、あまっている傾向がありましたが、むだなくカレットを有効利用するため「スーパーエコロジーボトル」が誕生しました。現在では、その趣旨が受け入れられ、さまざまな製品に使われています。

1993年世界包装機構
ワールドスターコンテストで、
ワールドスター賞を
受賞しているんだって！

びんのリサイクルは P24-25 を見てね

リサイクルする

鉄をリサイクルしよう

約 3396万トンの鉄って、どのくらいの量か想像できるかな？
身の周りの鉄がどのようにリサイクルされているのか見てみよう！

日本鉄リサイクル工業会

ビルや橋などの建築物や自動車、家電製品からカミソリの刃まで、私たちの身の周りのさまざまなものに鉄は使われています。

もし、鉄をリサイクルしなかったら、再利用できるものもごみとして捨てられ、資源のむだづかいになってしまいます。日本鉄リサイクル工業会は、「鉄スクラップ」の再資源化に力を入れている団体なのです。

2019年の1年間で、約 3396万トンの鉄スクラップが回収され、リサイクルされました。どのくらいの量かは、東京タワーを例に考えると、少しだけ想像がつきやすくなります。実は東京タワーが約 8490基もつくれるほどのたくさんの量の鉄なのです（東京タワーの1基分の鉄が約 4000トン）。

●私たちのくらしと鉄リサイクルの流れ

生産工場
製鉄所などで鉄がつくられ、それぞれの工場で製品になる。

→ 廃棄物 → リサイクル施設
← 資源 ← リサイクル施設

リサイクル施設
廃棄物として回収された鉄の80パーセントは、電気炉で溶かして、再生されている。

生産工場 → 商品 → 消費者

消費者
自動車や家電やスチール缶など、たくさんの鉄製品を使っている。

消費者 → 廃棄物 → リサイクル施設
消費者 → 一般廃棄物 → 清掃工場
リサイクル施設 → 産業廃棄物 → 清掃工場
清掃工場 → 熱エネルギー → 生産工場

清掃工場 ⇨くわしくは 3巻 を見てね
リサイクル工場で使われないものは中間処理をする。

清掃工場 → 最終処分場

最終処分場
うめ立て処理される。

⇨スチール缶のリサイクルは P26-27 を見てね

リサイクルする

アルミニウムをリサイクルしよう

アルミニウムは、とてもリサイクルしやすい金属だよ。
アルミ缶以外にもたくさんのものに使われているのを知っているかな？

日本アルミニウム協会

日本アルミニウム協会は、アルミニウムの資源や製品、リサイクルについて調査や研究をしている団体です。

アルミニウムは溶かして固めるだけで、何回でも生まれ変わることができるので、リサイクルしやすい金属です。原料のボーキサイトから新しいアルミニウムをつくるときには、たくさんのエネルギーが必要ですが、リサイクルしてつくれば、必要なエネルギーが30分の1ですみます。アルミニウムでできた製品をごみにせず、何度もリサイクルして使えば、大切な資源をむだづかいすることもなく、加工に必要な電気を節約することもできます。アルミニウムは地球に優しい金属なのです。

●アルミニウムって何に使われているの？

アルミ缶や1円玉、野球のバット、キッチン用品などの身近な物や、送電線、新幹線、飛行機、スペースシャトル、ロケットなどにも使われています。アルミニウムは、軽くてじょうぶな金属で、さびにくいという特徴があるので、さまざまなものに使われているのです。

新幹線やスペースシャトルにも、アルミニウムが使われていたんだね！

人工衛星などを積んで宇宙に向かうロケット。本体はアルミニウムでつくられている。

（写真：毎日新聞社／アフロ）

アルミ缶のリサイクルはP26-27を見てね

リサイクルする

紙パックをリサイクルしよう

飲み終わったあとの紙パックの半分以上が
捨てられているのを知っている？
紙パックは資源！ ごみにしたらもったいないよ。

紙パックをリサイクルすると、
可燃ごみも減るよ。
二酸化炭素排出量も
減らせるんだ！

全国牛乳容器環境協議会

牛乳パックのリサイクルを促進している団体です。紙パックは、安全で衛生的、遮光性が高い、印刷できる、軽くて輸送効率がよいなど、とてもすぐれた容器です。そして、リサイクルも簡単です。

それなのに、日本国内に出荷された紙パックの回収率は、まだ50パーセント以下にとどまっています。資源を大切にするためには、一人ひとりの心がけが大切です。

●牛乳を飲み終わったら

おいしく飲んだら、洗って開いてかわかして、リサイクル用の回収箱へ入れましょう。工場に運ばれた紙パックは、加工されて再生パルプになり、トイレットペーパーなどに生まれ変わります。

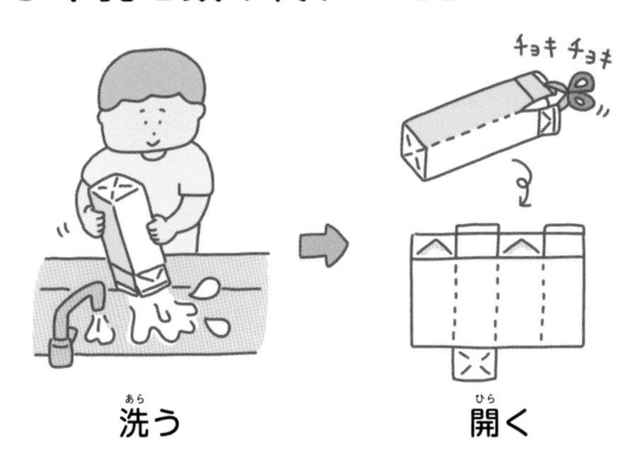

洗う　開く　かわかす　回収箱へ

1000ミリリットルの紙パック6枚でトイレットペーパー
1個がつくれる

さまざまな種類がありますが、トイレットペーパーの1個当たりの重さは約133.4グラムです。紙パック（1000ミリリットル用）の重さは1枚当たり約30グラム。6枚あれば約180グラムになります（表面のポリエチレンは取り除き、加工過程で減る分があるので、実際に使える分は180グラムのうち75パーセントほどです）。

紙のリサイクルは P28-29 を見てね

リサイクルする

着なくなった服から新しい服をつくる！

服のリサイクル率はまだまだ高くはなく、これからの課題。
着なくなった服を捨てないで、再生させる方法があるよ。

日本環境設計株式会社 BRING

着なくなった服を回収して、リサイクルしている会社です。布の原料はさまざまで、服にもいろいろな素材が使われていますが、その中のひとつであるポリエステルをもう一度ポリエステルの原料に再生して服をつくっています。

ポリエステルは、石油からつくられる合成せんいです。年間約 5200万トン生産されているポリエステルを再生させることで、採掘する石油を削減することにつながります。ポリエステル以外の原料もリサイクルをして、服のごみを減らして、新しく服をつくる取り組みを進めています。

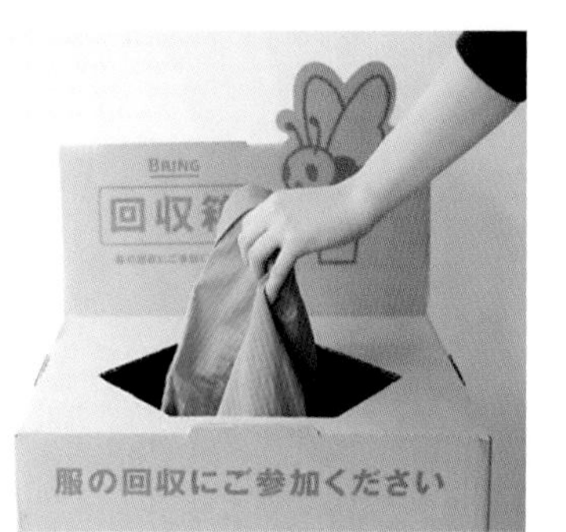

参加企業の店頭に回収ボックスを設置。インターネットで製品を購入した人には、着古した服を入れて返送するための回収封筒をつけている。

古着にふくまれるポリエステルを使って、もう一度ポリエステル樹脂を製造する。

● BRING の服のリサイクルの流れ

回収した服
着られるものか
着られないものか
仕分けをする。

→ **着られる** → **リユース**
仕分けでまだ着られると判断した服は、リユースする。必要なところに寄付する。

→ **着られない** → **リサイクル**
再生ポリエステルや再生ウール、自動車の内装材にしたり、コークス炉で燃料にしたりする。

布のリサイクルは P30-31 を見てね

リサイクルする

回収した家電をリサイクルしよう

使い終わった家電から、資源という宝物を取り出し、
新しい製品へ生まれ変わらせる仕事をしている会社があるよ。
使い終わった家電からどんな宝物が出てくるのかな。

パナソニック エコテクノロジーセンター株式会社

家電リサイクルの拠点として、「商品から商品へ」をモットーに、循環型ものづくりを推進している会社です。毎日トラックで運ばれてくる4品目の家電（テレビ・洗濯機・エアコン・冷蔵庫）を手作業で解体したり、機械でくだいて選別機で分別することで、鉄、銅、アルミなどの資源を集めています。

宝物を先進の技術で選別し、大切に取り出す作業は、まさにトレジャーハンティング（宝探し）です。

使い終わったテレビをエアードライバーで解体するようす。ラインにのせて流れ作業で解体を進めている。

●液晶テレビの部品と回収できる資源

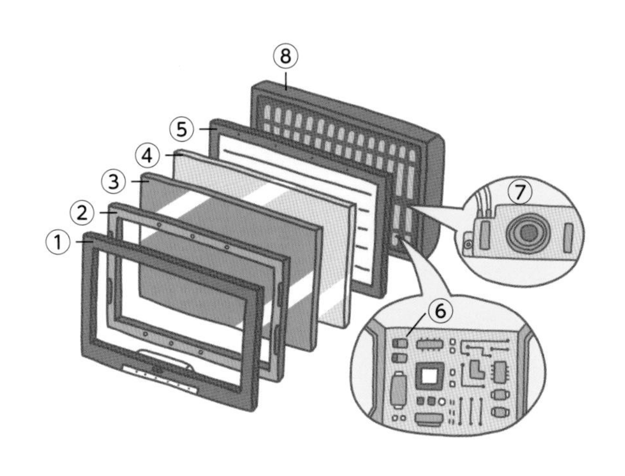

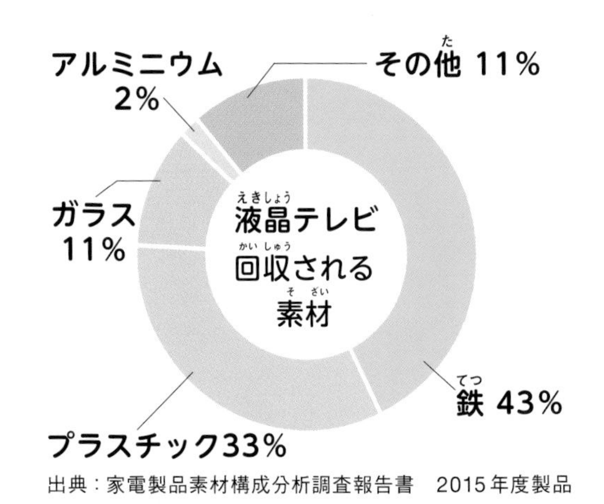

出典：家電製品素材構成分析調査報告書　2015年度製品

部品の名前と主な素材：①キャビネット（プラスチック）②モジュール・フレーム（鉄）③液晶ディスプレイパネル（ガラス）④拡散フィルム（プラスチック）⑤バックライトユニット（蛍光管・LED）⑥プリント基板（貴金属）⑦スピーカーボックス（鉄・プラスチック）⑧バックカバー（プラスチック）
※そのほかに、シャーシ取付金属などに鉄やアルミが使われています。

電化製品のリサイクルはP32-33を見てね

リサイクルする

パソコンをリサイクルしよう

パソコンにはどんな部品や素材があるのかな。
使用済みのパソコンからどうやってレアメタルを取り出すのかな。

一般社団法人パソコン3R推進協会

パソコンやパソコン用ディスプレイの製造メーカーや、輸入販売事業者とともに、法律に基づく、パソコンやパソコン用ディスプレイの3R（リデュース、リユース、リサイクル）を促進している協会です。会員企業が、2019年度に回収した使用済みパソコン（表示装置を含む）の数は、約37万2千台でした。

パソコンをはじめとする小型家電は、貴重な資源がたくさんふくまれているので「都市鉱山」といわれています。例えばネオジウムなどの天然の存在量が少ないレアメタルがふくまれているものもあります。パソコンは、さまざまな部品にレアメタルが入っていますが、例えばデータを保存するハードディスクなどに、レアメタルや貴金属がふくまれています。

3Rについては 1巻 を見てね

●パソコンのリサイクル

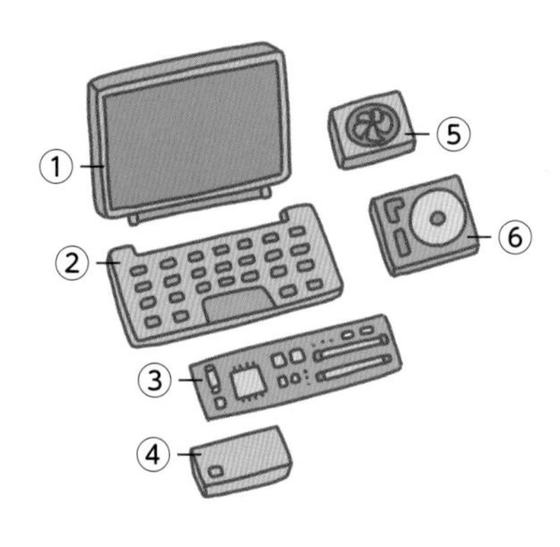

部品の名前と主な素材：①ディスプレイ(ガラス、プラスチック)、②キーボード(プラスチック)、③プリント基盤(貴金属・レアメタル・銅)、④内蔵電源(アルミ・鉄)／ACアダプター(プラスチック・銅)、⑤ファン(プラスチック)⑥ハードディスクドライブ(アルミ・鉄・レアメタル)

部品に分けてから破さいする

パソコンを大きな部品ごとに分けます。きょう体(マシン本体の箱)、プリント基板、ハードディスクドライブ、マウス、キーボード、ケーブルなどに分解されます。

次に部品を素材ごとに分けます。金属でできた部分は破さいされ、鉄、アルミ、銅などの資源になり、プラスチックでできた部分は原料としてリサイクルされます。

用語解説

レアメタル

産出量がきわめて少ない貴重な金属のこと。ネオジウム、インジウム、ニッケル、パラジウムなど。

小型家電のリサイクルは P33 を見てね

江戸時代からあった和紙のリサイクル

古紙から再生紙をつくることを、江戸時代では「すき返し」と呼んでいたよ。どうやってつくっていたのか見てみよう。

江戸時代、紙は貴重なものだったので、一度使われた紙はすべて回収していました。よごれ具合によって分け、「すき返し」をしていたそうです。

よごれているものは安価な落とし紙（現在のトイレットペーパーにあたる紙）などになりました。江戸の「浅草紙」は、庶民に親しまれた安価な「すき返し紙」として有名です。

和紙の原料はコウゾ、ガンピ、ミツマタなどの植物の木の皮でした。また、トロロアオイの根からとれる「ねり」を接着剤として使っていました。

すき返し紙ができるまで

江戸時代の人は、
ものを大切に
していたんだね

1

集めた古紙を
手作業で細かくちぎる。

2

釜に入れて煮る。桶でしばらく冷やしてから、水をしぼり、布にくるんで洗う。

3

板の上に置き、
棒でたたいてよごれを落とす。

4

接着剤（ねり）を入れて、すく。
すいたらかわかす。

NDC 518
なぜ？から調べる ごみと環境 全5巻

監修 森口祐一
学研プラス 2021 48P 29cm
ISBN978-4-05-501347-5 C8351

監修 森口祐一 （もりぐちゆういち）

東京大学大学院工学系研究科都市工学専攻教授。国立環境研究所理事。専門は環境システム学・都市環境工学。京都大学工学部衛生工学科卒業、1982年国立公害研究所総合解析部研究員。国立環境研究所社会環境システム研究領域資源管理研究室長、国立環境研究所循環型社会形成推進・廃棄物研究センター長を経て、現職。主な公職として、日本学術会議連携会員、中央環境審議会臨時委員、日本LCA学会会長。

イラスト／高村あゆみ
キャラクターイラスト／イケウチリリー
原稿執筆／岡本弘美（1章、2章）
装丁・本文デザイン／齋藤彩子
編集協力／株式会社スリーシーズン（吉原朋江）
校正／小西奈津子　鈴木進吾　松永もうこ
DTP／株式会社明昌堂

協力・写真提供／アサヒ飲料株式会社、アフロ、一般社団法人日本アルミニウム協会、一般社団法人日本鉄リサイクル工業会、一般社団法人パソコン3R推進協会、一般社団法人YOKOHAMAリビングラボサポートオフィス、株式会社サティスファクトリー、キリンホールディングス株式会社、全国牛乳容器環境協議会、日本ガラスびん協会、パナソニック エコテクノロジーセンター株式会社、BRING｜日本環境設計株式会社

★本書の表紙と見返しは、環境にやさしい竹パルプの紙を使用しています。

なぜ？から調べる ごみと環境 全5巻

2021年2月23日　第1刷発行
2023年2月14日　第2刷発行

発行人　土屋　徹
編集人　代田雪絵
企画編集　澄田典子　冨山由夏
発行所　株式会社 Gakken
〒141-8416　東京都品川区西五反田2-11-8
印刷所　凸版印刷株式会社

◎この本に関する各種お問い合わせ先

本の内容については、下記サイトのお問い合わせフォームよりお願いします。
https://www.corp-gakken.co.jp/contact/
在庫については ☎ 03-6431-1197（販売部）
不良品（落丁、乱丁）については ☎ 0570-000577
学研業務センター 〒354-0045 埼玉県入間郡三芳町上富279-1
上記以外のお問い合わせは Tel 0570-056-710（学研グループ総合案内）

なぜ?から調べる

ごみと環境